Eclipses

Cuando la luz
desaparece

Imagina que, una mañana, estás al aire libre y el sol brilla con fuerza. Apenas hay nubes. De pronto, el cielo se oscurece y, rápidamente, ¡se hace de noche!

Acaba de ocurrir algo extraordinario: **un eclipse de Sol**. En unos pocos minutos, el astro reaparecerá y todo volverá a ser como antes.

Pero, ¿qué ha pasado? Durante unos momentos el Sol ha quedado oculto por la Luna y ha dejado de iluminar una zona de nuestro planeta: aquella en la que te encuentras.

El Sol, la Tierra y la Luna
se han alineado de tal manera
que la luz solar no llega
al lugar donde tú estás.

¿Te imaginas moviéndote a más de 100 000 kilómetros por hora sin notarlo?

Pues a esa velocidad vamos tú, yo y todo lo que nos rodea. La Tierra gira sobre sí misma como una peonza y, al mismo tiempo, viaja alrededor del Sol.

También la Luna se traslada en torno a la Tierra y rota sin descanso sobre sí misma. Y el Sol..., ¡el Sol tampoco está quieto! Gira sobre su propio eje mientras da vueltas (trazando órbitas) al centro de nuestra galaxia.

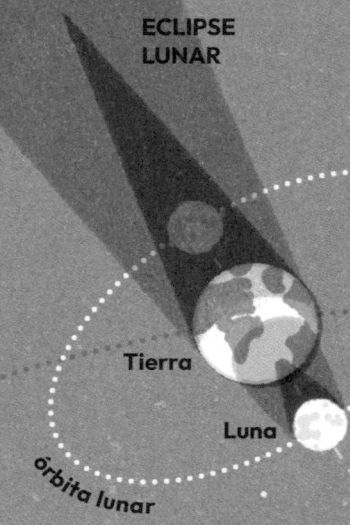

ECLIPSE LUNAR

Tierra

Luna

órbita lunar

órbita terrestre

La órbita es la trayectoria curva que dibuja un cuerpo cuando gira alrededor de otro bajo el influjo de la gravedad.

Planetas, estrellas y satélites están en movimiento, giran, se alinean... Y a veces, solo a veces, sucede algo extraordinario: **la Luna se coloca justo entre la Tierra y el Sol**. O la Tierra se interpone entre el Sol y la Luna. Entonces, una sombra se proyecta en el espacio y se produce uno de estos dos tipos de eclipse:

ECLIPSE
SOLAR

ECLIPSE SOLAR
Ocurre cuando la Luna se interpone entre la Tierra y el Sol. La Luna oculta al Sol de manera parcial o total. En este último caso, por unos minutos, el día se oscurece como si fuera de noche.

ECLIPSE LUNAR
Ocurre cuando la Tierra se coloca entre el Sol y la Luna. La Luna queda oculta por la sombra que proyecta nuestro planeta y, poco a poco, su luz desaparece... ¡O se tiñe de rojo!

Sol

ECLIPSE
SOLAR

Tierra

Luna

órbita lunar

ECLIPSE
LUNAR

La danza de la Tierra, la Luna y el Sol

Nuestro planeta traza una órbita alrededor del Sol, la estrella central del sistema solar. El círculo que describe la Tierra no es perfecto, tiene una forma ligeramente ovalada. El plano que contiene este círculo se conoce como **plano de la eclíptica**.

sentido de las órbitas del sistema solar

ÓRBITA TERRESTRE

Recorrido:
930 millones de kilómetros

Tiempo:
365 días y 6 horas

Marte

Venus

NOTA:
Ten en cuenta que, en estas páginas y en el resto del libro, los tamaños del Sol, la Tierra y la Luna no están dibujados a escala, ni tampoco las distancias entre ellos.

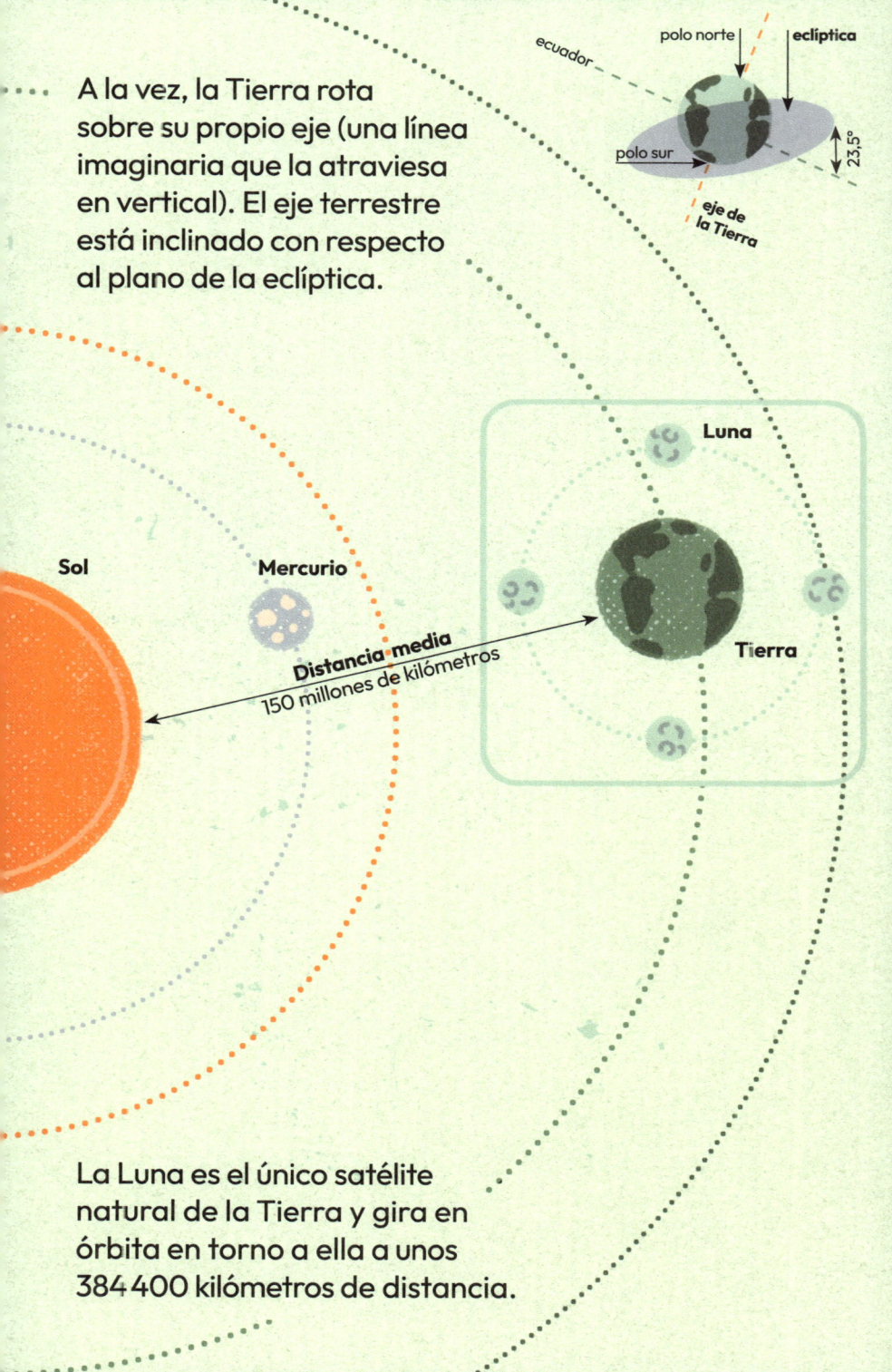

A la vez, la Tierra rota sobre su propio eje (una línea imaginaria que la atraviesa en vertical). El eje terrestre está inclinado con respecto al plano de la eclíptica.

ecuador

polo norte

eclíptica

polo sur

23,5°

eje de la Tierra

Sol

Mercurio

Distancia media
150 millones de kilómetros

Luna

Tierra

La Luna es el único satélite natural de la Tierra y gira en órbita en torno a ella a unos 384 400 kilómetros de distancia.

El eclipse solar: cuando la Luna tapa la luz al Sol

Hoy te has preparado para observar el cielo con tus **gafas para eclipses**. ¡Te han avisado de que hay que protegerse! El Sol brilla, pero algo está empezando a cambiar.

Poco a poco, la luz se va apagando y una sombra avanza por la superficie de la Tierra. **Es la sombra de la Luna**.

Sol

La Luna se ha colocado justo entre la Tierra y el Sol, ocultándolo por un momento.

Estás viendo un eclipse solar.

No es algo que pase muy a menudo. La órbita de la Luna está ligeramente inclinada respecto a la órbita de la Tierra, así que ¡su sombra pasa casi siempre de largo y no nos alcanza! Y, cuando lo hace, es por poco tiempo.

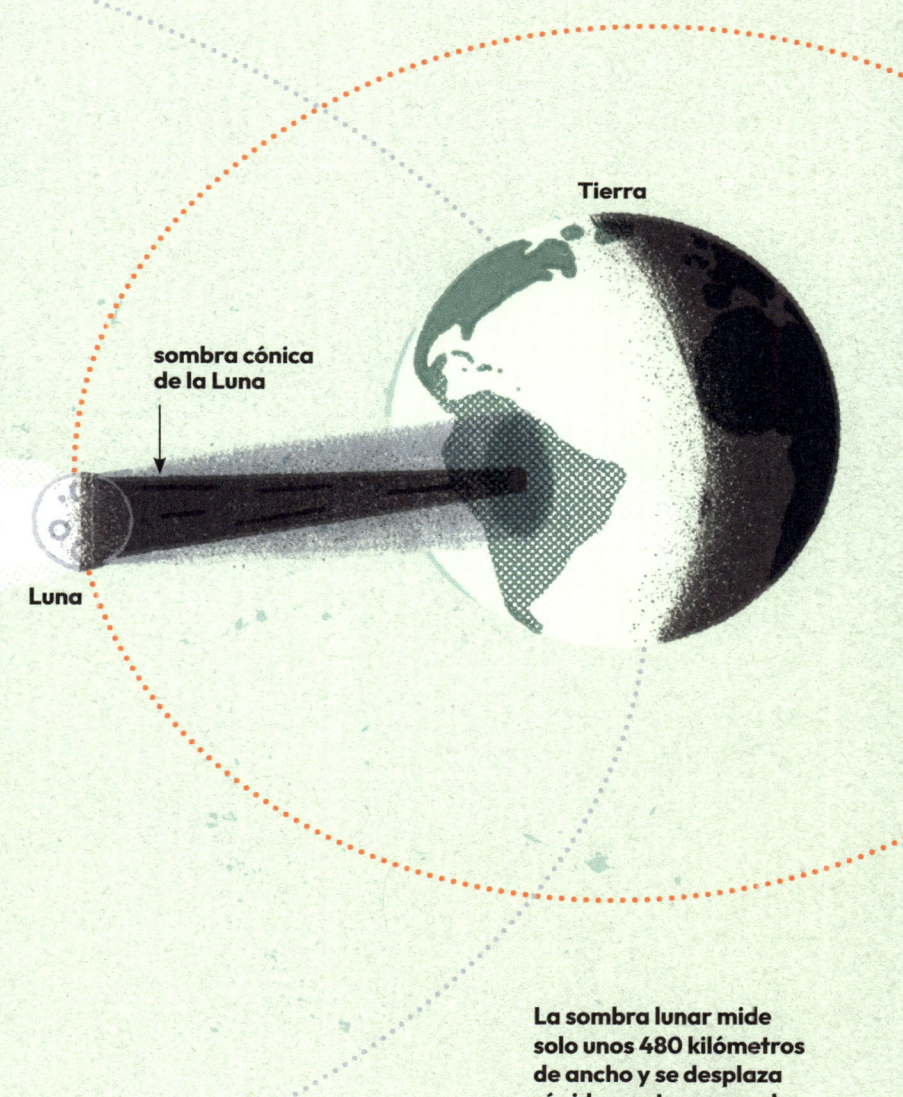

Tierra

sombra cónica de la Luna

Luna

La sombra lunar mide solo unos 480 kilómetros de ancho y se desplaza rápidamente, porque la Tierra, la Luna y el Sol nunca dejan de moverse.

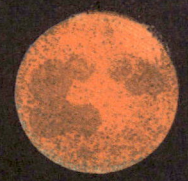

El eclipse lunar: cuando la Tierra cubre la Luna con su sombra

Una noche, miras al cielo y ahí está: la luna llena, redonda y brillante como una linterna.

Pero algo empieza a pasar: muy despacio, uno de sus bordes se oscurece. Poco a poco, una sombra avanza hasta cubrirla casi por completo.

Es la sombra de la Tierra.

Nuestro planeta se ha colocado justo entre el Sol y la Luna, y al tapar la luz del Sol, proyectamos nuestra propia sombra sobre ella.

Estás viendo un eclipse lunar.

A diferencia del eclipse solar, que solo se observa desde lugares concretos, este espectáculo puede verse desde cualquier sitio del planeta. Siempre que sea de noche, ¡claro!

Fases del eclipse lunar
Poco a poco, la Luna va quedando tapada por la sombra terrestre y va cambiando de color.

Las sombras en el espacio

Cuando un objeto celeste tapa la luz de otro, proyecta una sombra. La parte más oscura de esa sombra se conoce como **umbra**.

Si estás dentro de ella durante un eclipse solar, no ves ni un trocito del Sol: en este cono de sombra interior todo queda oculto. Es allí donde se observan los eclipses totales.

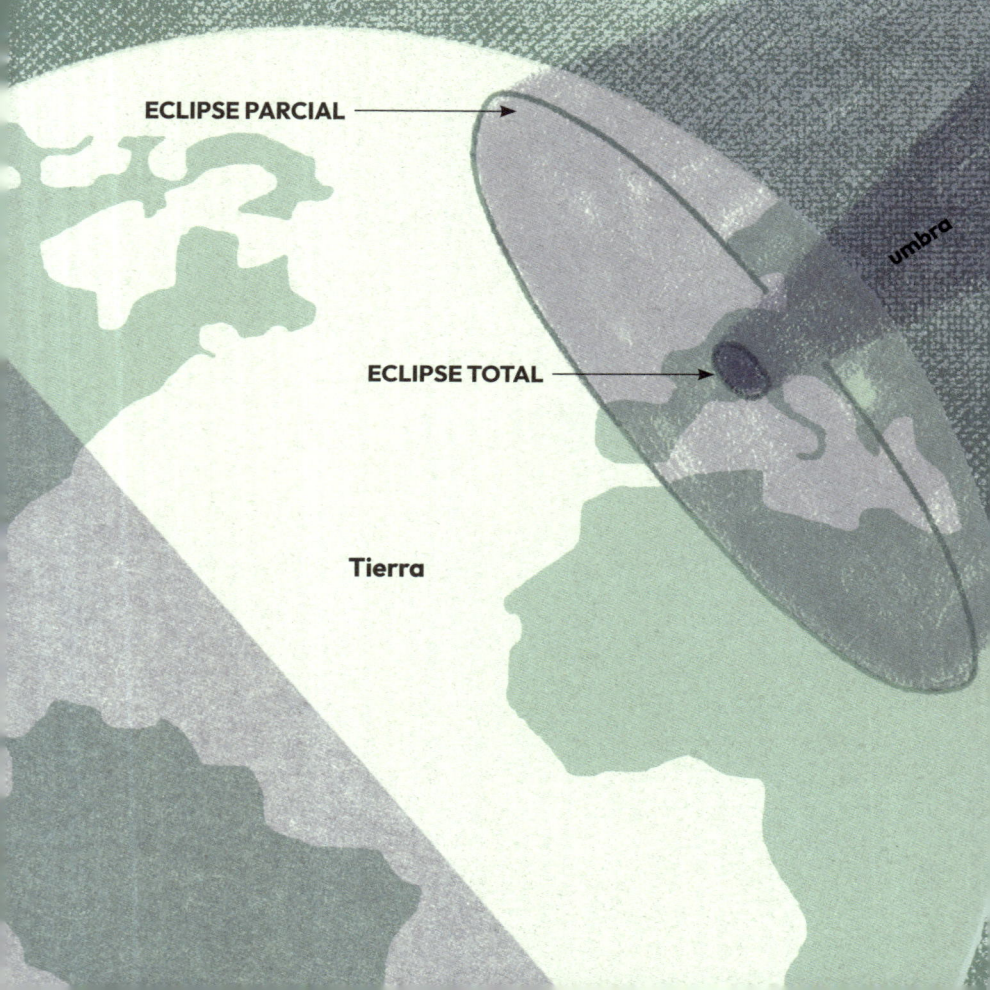

ECLIPSE PARCIAL

umbra

ECLIPSE TOTAL

Tierra

luz solar

Luna

penumbra

Alrededor del cono que forma la **umbra** se proyecta la **penumbra**, una sombra más suave.

Si te encuentras dentro de la penumbra, verás un eclipse solar parcial: el Sol quedará *mordido*, pero no desaparecerá por completo.

Existe otra zona o parte de la sombra, la **antumbra**, que no afecta a los eclipses de Sol totales como el de la ilustración, sino a los anulares.

Tres formas de eclipse solar

Durante un eclipse de Sol, la Luna tapa el disco solar. A veces, lo cubre por completo; otras, solo una parte. En ocasiones, casi lo consigue, pero queda un anillo visible a su alrededor.

Eclipse solar total

La Luna se alinea a la perfección con el Sol y lo cubre por entero. Durante unos minutos, en una parte de la Tierra el cielo se oscurece como si el Sol hubiera desaparecido.

Eclipse solar parcial

La Luna pasa por delante del Sol, pero no llega a taparlo por completo en ningún momento. Solo una parte de la luz solar desaparece. Es como si el Sol tuviera un mordisco.

Eclipse solar anular

La Luna está un poco más alejada de la Tierra de lo que es habitual, y la vemos más pequeña. Cuando se coloca frente al Sol, no consigue taparlo del todo: un brillante anillo asoma alrededor de la estrella.

Un eclipse solar ocurre de manera excepcional, pero siempre lo hace durante la luna nueva, que es cuando desde la Tierra la vemos oscura o no la vemos en absoluto porque el Sol está iluminando su cara oculta.

Observa las diferencias en la sombra de cada uno de los tres tipos de eclipses solares:

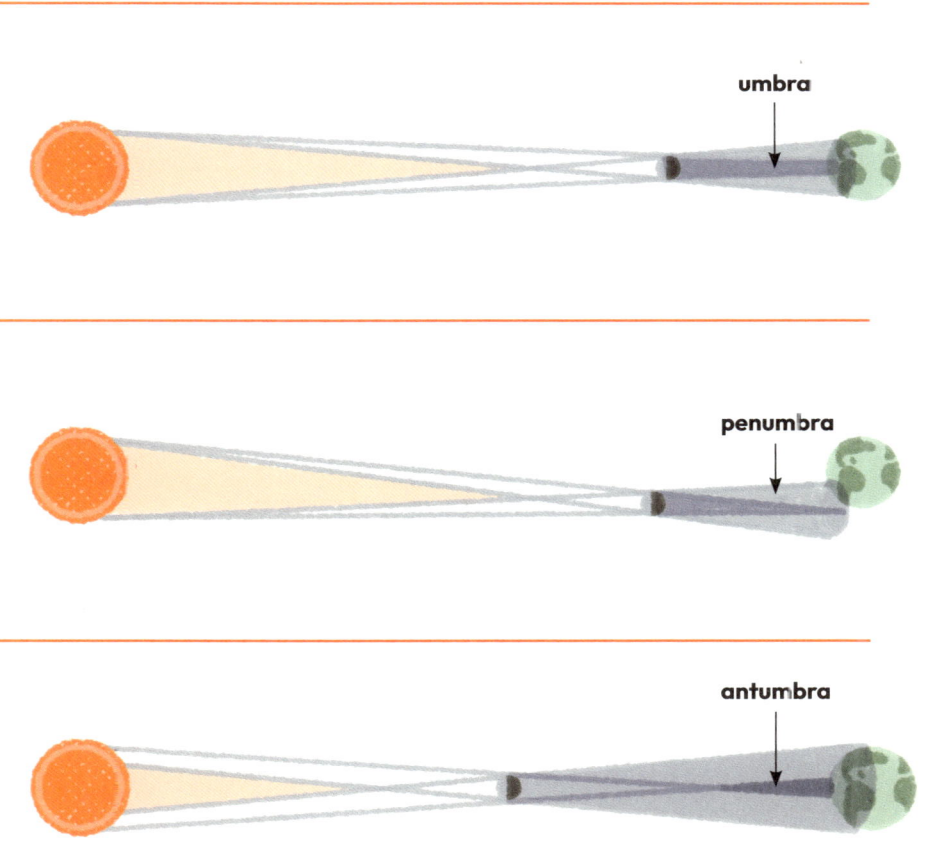

umbra

penumbra

antumbra

Las distintas caras del eclipse lunar

A veces, cuando la Luna llena brilla en lo alto del cielo, esta empieza a perder su luz. Y según cómo esté alineada con la Tierra y el Sol, observaremos un tipo de eclipse lunar diferente:

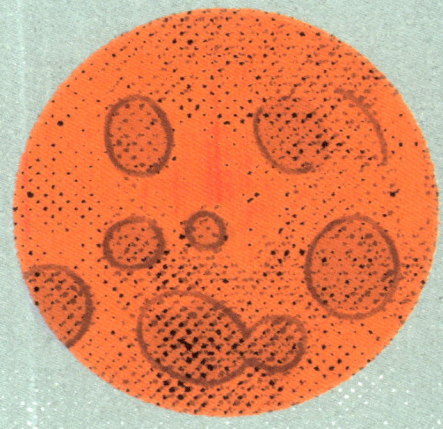

Eclipse total

La Luna se adentra totalmente en la **umbra** que proyecta la Tierra.

Parece que desaparecerá, pero nunca llega a hacerlo por completo. Antes, su color cambia. Se vuelve amarilla, naranja o incluso de un rojo intenso.

¿Por qué?

Aunque la Tierra tapa completamente la Luna, la luz roja y anaranjada del Sol se curva (refracta) al atravesar la atmósfera terrestre, llegando hasta la superficie lunar y tiñéndola de rojo.

Cuando esto ocurre, decimos que hay *luna de sangre*.

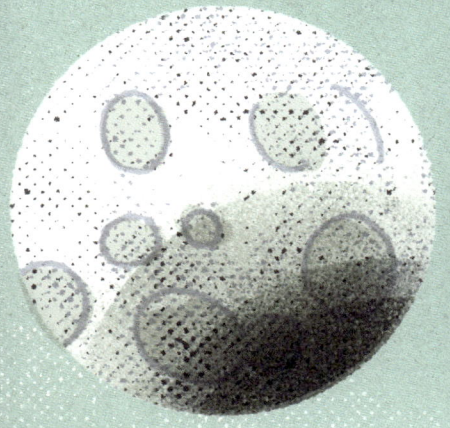

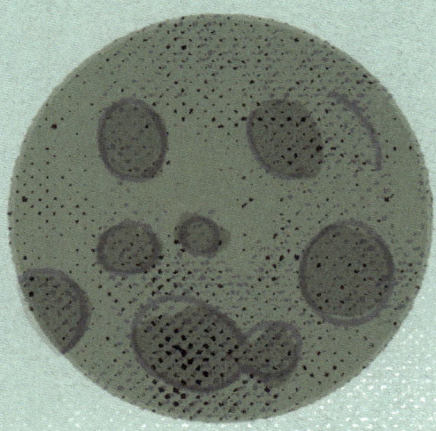

Eclipse parcial

En este caso, solo
una parte de la Luna
entra en la **umbra**
de la Tierra.

Verás una franja
oscura avanzando
poco a poco,
mientras el resto
continúa brillando.

Eclipse penumbral

Este tipo de eclipse se
produce cuando la Luna
no entra en la sombra
más oscura, sino en la
penumbra, más suave.

La Luna apenas pierde
un poco de brillo. Hay
que prestar atención;
si no, ¡puede que ni
te des cuenta!

¿Por qué no se producen eclipses lunares cada mes?

La Luna tarda cerca de un mes en completar su vuelta a la Tierra. Si se moviera exactamente en el mismo plano de órbita que nuestro planeta, se produciría un eclipse lunar cada vez que hubiera luna llena.

Pero esto no es así.

luna nueva

5°

Tierra

órbita lunar

luna llena

Sol

órbita terrestre

El plano de la órbita lunar está un poco inclinado (unos cinco grados) respecto al plano de la órbita de la Tierra.

Por eso, cuando hay luna llena, la mayor parte de las veces la sombra de la Tierra pasa un poco por encima o por debajo de la Luna, pero no la toca.

De hecho, la Luna solo cruza entre dos y cinco veces al año la sombra que proyecta la Tierra. Este es el número máximo de eclipses lunares que pueden producirse en un año. Lo mismo ocurre con los eclipses solares: si la órbita lunar no estuviera inclinada con respecto a la terrestre, habría un eclipse solar por cada luna nueva y un eclipse lunar por cada luna llena.

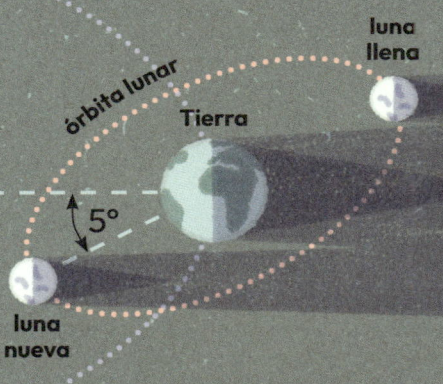

órbita lunar

Tierra

5°

luna llena

luna nueva

Solo puede producirse un eclipse de Luna cuando esta cruza por los nodos lunares, que son los puntos de encuentro entre el plano de la órbita lunar y el plano de la órbita terrestre. Si, en lugar de cruzarlos, la Luna pasa muy cerca, el eclipse será parcial.

Eclipses famosos de la historia

Eclipse solar de Ugarit (alrededor del 1300 a. e. c.)

Aparece mencionado en una tablilla de arcilla con escritura cuneiforme encontrada en la antigua ciudad de Ugarit (actual Siria). Este eclipse llegó a cubrir más del 90 % de la esfera solar. Fue descrito en su época como el momento en que el Sol «fue avergonzado».

Eclipse de Anyang, China (alrededor del 1300 a. e. c.)

Un eclipse solar dejó a oscuras por unos minutos la ciudad de Yin (actual Anyang), capital de la dinastía china de los Shang. El fenómeno fue registrado en el caparazón de una tortuga, en el que se lee que «tres llamas se comieron el Sol y se vieron grandes estrellas».

Eclipse de Tales en Anatolia (585 a. e. c.)

Aunque esta información ha sido cuestionada, cuenta el historiador griego Herodoto que Tales de Mileto predijo un eclipse solar visible sobre Medio Oriente. Se trataría de un eclipse producido durante la llamada batalla del Eclipse.

Eclipse de Halley (1715)

Las primeras predicciones científicas precisas de un eclipse solar en la historia se atribuyen a Edmund Halley. Este astrónomo, físico y matemático inglés predijo, en 1705, con gran exactitud, el recorrido y los tiempos de un eclipse total que él mismo pudo presenciar diez años más tarde.

Eclipse de 1851 en el norte de Europa

Hasta entonces no habían existido herramientas adecuadas para fotografiar correctamente un eclipse solar. Para lograrlo, el Observatorio Real de Prusia encargó a Johann Julius Friedrich Berkowski un experto del daguerrotipo —un antiguo procedimiento fotográfico—, la misión de capturar una imagen del acontecimiento.

Eclipse de Einstein en África y América del Sur (1919)

Este eclipse confirmó la teoría de la relatividad general que el célebre científico Albert Einstein había formulado unos años antes. El físico alemán intuyó que la gravedad afectaba a la luz y que los rayos de luz que pasaban cerca de un objeto de gran masa en el espacio, como el Sol, eran desviados.

Pero no fue hasta que ocurrió este eclipse cuando los astrónomos británicos Arthur Eddington y Frank Watson pudieron confirmar su teoría: observaron que la luz de las estrellas Híades era desviada cuando pasaba cerca del Sol y, debido a ello, las estrellas parecían estar en un lugar ligeramente diferente de su verdadera posición.

Eclipse total de 1991

El 11 de julio de ese año se registró un eclipse total solar muy largo, de más de siete minutos en algunos lugares, que se pudo observar desde Hawái, México, Centroamérica, Colombia, Perú y Brasil.

¿Qué hacen los animales cuando hay un eclipse?

Observar el comportamiento animal durante un eclipse solar no es sencillo, ya que solo se oscurece una zona concreta de la Tierra, y durante apenas unos minutos.

Pero sabemos que, durante los eclipses solares, ciertos animales modifican su conducta: se comportan de forma parecida a su actividad nocturna.

Las vacas y otros animales domésticos que pacen regresan a sus establos como si cayera la noche.

En Zambia, se observó que las jirafas echaron a correr durante un eclipse solar, ya que por la noche es cuando sus depredadores están más activos.

Otros animales, como los perros y los gatos, se muestran confundidos y asustados por el fenómeno.

En las tortugas se ha detectado cierto estrés que puede llevar a conflictos, pues intentan aparearse creyendo que es de noche. Pero les resulta complicado porque el eclipse solo dura uno o unos pocos minutos...

Durante los eclipses solares también se han oído cantos de pájaros que corresponden a reacciones de miedo o confusión.

¿Se pueden contemplar eclipses desde el espacio?

Desde que Johann Julius Friedrich Berkowski tomara, en 1851, la primera fotografía conservada de un eclipse solar desde la Tierra, la tecnología ha avanzado tanto que ya es posible obtener imágenes de eclipses desde fuera de nuestro planeta.

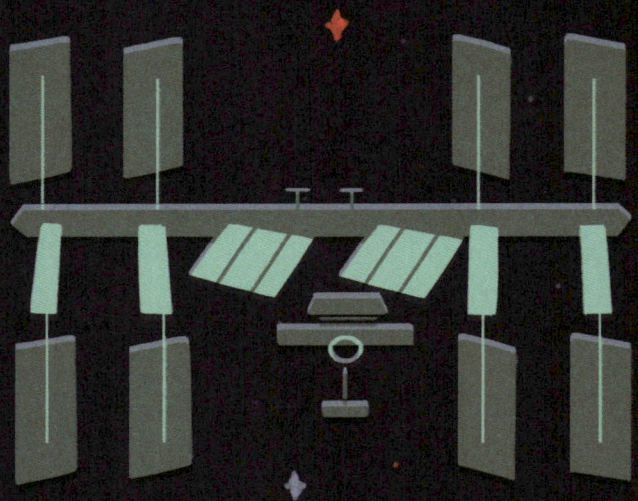

En abril de 2024, la **Estación Espacial Internacional** compartió fotografías de un eclipse solar que, desde la Tierra, fue visible en Estados Unidos, México y Canadá. Se pudo observar **la sombra de la Luna** desplazándose por una parte de nuestro planeta.

En marzo de 2025, por primera vez fue captado un **eclipse lunar desde la misma Luna**. Mientras que en la Tierra se veía una *luna de sangre*, desde la superficie lunar la cámara mostraba un **eclipse solar,** con la Tierra situada delante de la estrella.

¿Hay eclipses en otros planetas?

Para que se produzca un eclipse en otro planeta del sistema solar, este debería tener satélites que orbiten a su alrededor y que puedan bloquear la luz solar.

Mercurio

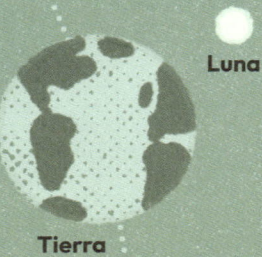

Luna

Tierra

Venus

Ni **Mercurio** ni **Venus** cuentan con lunas, por lo que allí no se pueden producir eclipses.

Deimos

Marte tiene dos lunas: Deimos, de 12 kilómetros de diámetro, y Fobos, de 22. Ambas son tan pequeñas que, vistas desde el planeta rojo, no pueden cubrir el disco solar por completo. Sin embargo, misiones robóticas han registrado cómo lo eclipsan de manera parcial.

Fobos

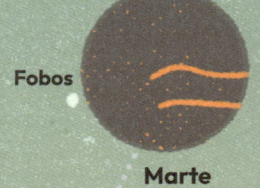

Marte

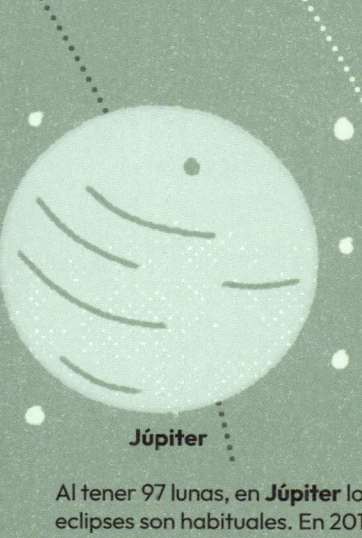

Júpiter

Al tener 97 lunas, en **Júpiter** los eclipses son habituales. En 2015 fue captado en este planeta un eclipse solar triple (tres de sus lunas se alinearon y proyectaron su sombra sobre el planeta).

En **Neptuno**, el último eclipse producido por su luna Tritón fue en 1953. El próximo será en 2046.

Neptuno

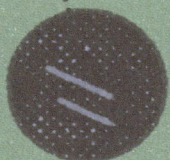

Urano

Urano tiene 12 satélites que son lo suficientemente grandes y cercanos como para eclipsar al Sol. Hay eclipses cada 42 años, aproximadamente.

Saturno

Saturno tiene solo siete satélites lo suficientemente grandes y cercanos como para eclipsar por completo al Sol. El resto son demasiado pequeños o describen órbitas muy inclinadas respecto a la de Saturno.

La predicción de eclipses

Hace más de 2000 años, en Mesopotamia, el antiguo pueblo babilonio ya era capaz de predecir eclipses. También conocía el ciclo astronómico de **Saros** (explicado más adelante). Aunque sus predicciones fueron cada vez más complejas, las culturas antiguas nunca llegaron a conocer en qué punto de la Tierra iba a verse un eclipse.

En 1605, Johannes Kepler describió la **mecánica de los objetos celestes**. Este astrónomo alemán descubrió que los planetas se movían alrededor del Sol en trayectorias con forma elíptica.

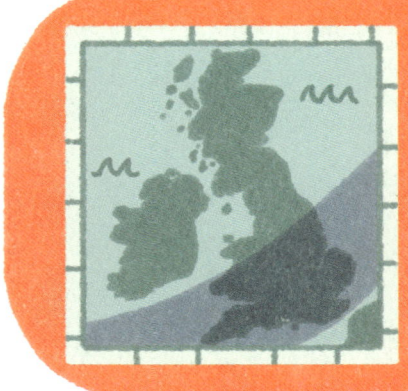

Edmund Halley predijo la trayectoria y duración del eclipse solar que se pudo observar en Londres en 1715 gracias a la teoría de la gravitación de Newton y al estudio del ciclo de Saros.

En el siglo xx, la NASA (agencia espacial estadounidense) comenzó a enviar personas y robots al espacio. Gracias a los **espejos** que dejaron los astronautas de **la misión Apolo en la Luna**, conocemos con gran precisión la distancia entre nuestro satélite y la Tierra.

Los elementos que nos ayudan a **predecir con exactitud** un eclipse son la posición de la Luna y del Sol —junto con datos similares para otros planetas— y los ajustes sobre la gravedad y la relatividad general.

Los ciclos de eclipses: Saros

Un ciclo de Saros es un periodo de tiempo tras el cual la Luna y el Sol estarán aproximadamente en la misma posición respecto a la Tierra, por lo que se producirá un eclipse muy similar. Dura 18 años, 11 días y 8 horas (es decir, 223 lunaciones).

Una lunación equivale al tiempo que transcurre entre dos lunas nuevas sucesivas.

En la antigua Babilonia, ya se sabía que los eclipses se repetían en ciclos de 18 años.

En promedio, un ciclo de Saros contiene 84 eclipses: 42 solares y 42 lunares. Durante este ciclo, ocurren el mismo número y el mismo tipo de eclipses (totales, anulares y parciales) cada 223 lunaciones.

Grandes eclipses del siglo XXI

El eclipse más largo de los próximos
10 000 años ocurrirá el 16 de julio de 2186.
Hasta 2030, desde la Tierra se podrán
observar estos eclipses solares:

2026
12 de agosto
Eclipse solar total

2028
26 de enero
Eclipse solar anular

2027
6 de febrero
Eclipse solar anular

**¡Muy pocos rincones
del planeta tendrán
la oportunidad de
observar estos eclipses!**

**Las líneas dibujan el
recorrido de la sombra
lunar sobre la Tierra.**

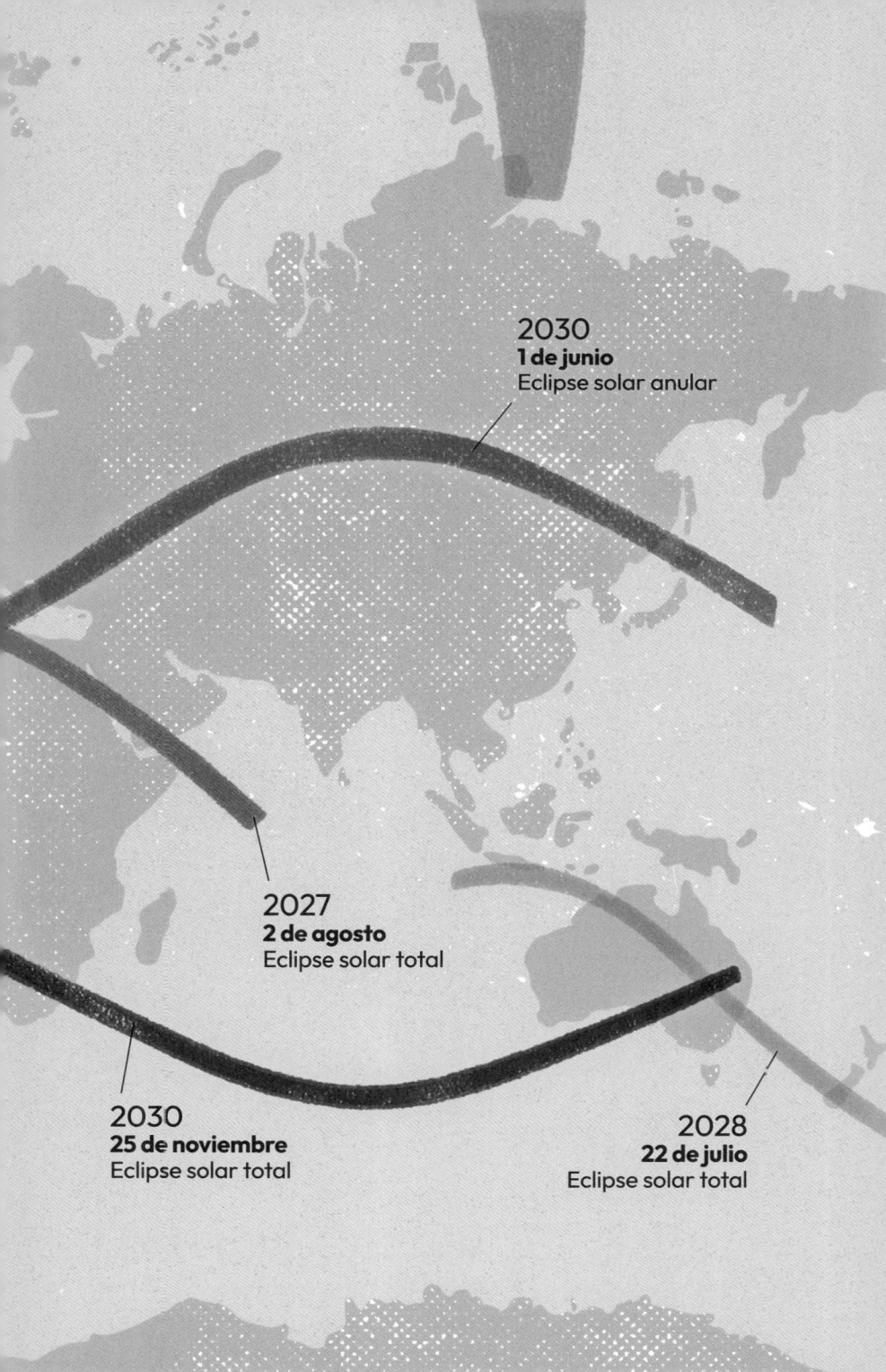

2030
1 de junio
Eclipse solar anular

2027
2 de agosto
Eclipse solar total

2030
25 de noviembre
Eclipse solar total

2028
22 de julio
Eclipse solar total

Tres eclipses visibles desde la Península

1.

12 DE AGOSTO DE 2026

Primer eclipse solar total visible en la península ibérica en más de cien años.

Recorrido de la sombra de la luna: costa oriental de Groenlandia, una pequeña parte de Islandia y, sobre las 20:30 horas, entrada en la Península de oeste a este, desde A Coruña hasta Palma de Mallorca.

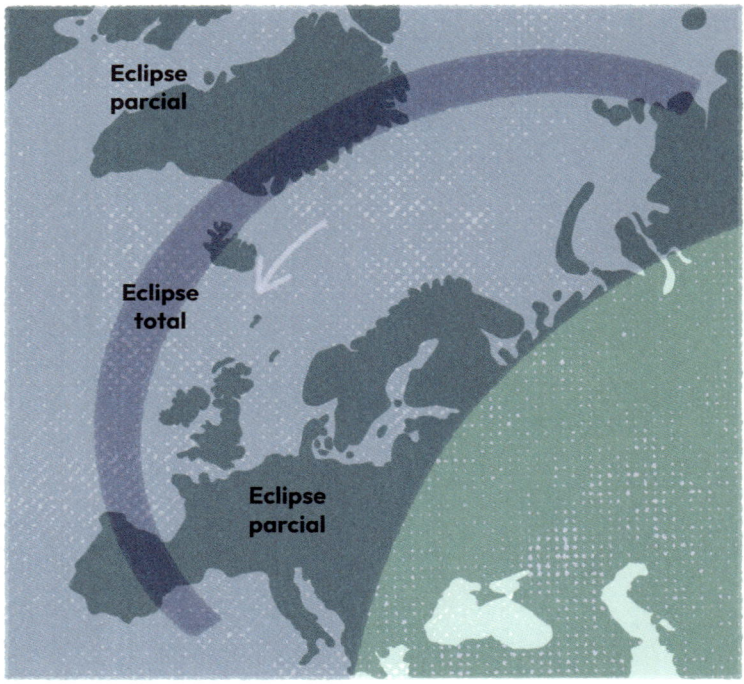

Eclipse parcial

Eclipse total

Eclipse parcial

La duración máxima de la totalidad (en un punto cerca de Islandia): más de dos minutos. En partes de Norteamérica, Europa y oeste de África, visible como eclipse parcial.

2.

2 DE AGOSTO DE 2027
Eclipse solar total

Recorrido de la sombra de la luna: paso por el estrecho de Gibraltar a las 10:50 horas, de oeste a este, cubriendo luego Ceuta, Melilla, Cádiz y zonas de las provincias de Granada y Almería. Parcial en el resto de la Península. Hasta 2053 no será posible ver más eclipses totales en España.

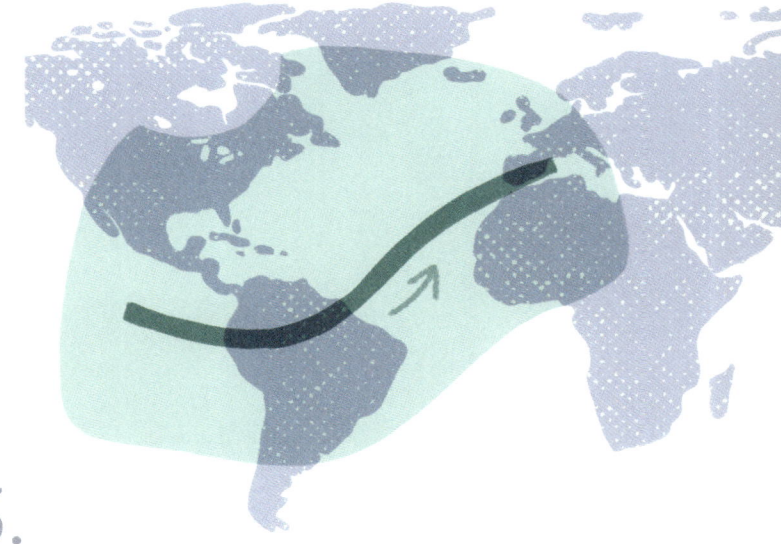

3.

26 DE ENERO DE 2028
Eclipse solar anular

Recorrido de la sombra de la luna: la península ibérica de suroeste a noreste, desde Extremadura hasta el norte de Cataluña y las islas más occidentales de Baleares.

Cómo mirar un eclipse sin dañarse los ojos

Para observar de forma directa un eclipse solar debes usar una protección especial, ya que los rayos del Sol pueden provocar lesiones oculares graves. También cuando no hay eclipses es muy peligroso mirar al Sol sin protección: se pueden tener serios problemas oculares que se manifiesten días más tarde.

Gafas especiales para eclipses

En ningún caso se pueden utilizar gafas de sol tradicionales para ver un eclipse. Las gafas deben bloquear la luz ultravioleta y cumplir con la normativa UNE-EN ISO 12312-2:2015. Si son viejas o tienen el filtro rayado o defectuoso, tampoco sirven.

Aquí encontrarás material divulgativo sobre las gafas homologadas y otras cuestiones de seguridad.

Lentes de cámara, telescopio o binoculares, con filtro para eclipses

Si vas a observar un eclipse a través de una cámara, un telescopio o unos binoculares, tendrás que usar un filtro especial para eclipses. Se obtienen en distribuidores autorizados.

Observación indirecta

Puedes observar un eclipse de espaldas al sol, mirando a través de un objeto con pequeños agujeros: un colador, una espumadera... Levanta el objeto agujereado para orientarlo hasta que la imagen del eclipse se proyecte sobre la superficie elegida, que debe ser lisa y clara (como una hoja de papel). Verás múltiples imágenes pequeñas del eclipse.

Proyector estenopeico casero

Con una caja de cartón, es posible fabricar un proyector para observar eclipses. Como muestra el dibujo, basta con hacer un agujero para mirar en su interior y, junto a este, recortar una ventana en el cartón, pegarle un trozo de papel de alumnio y perforarlo con un alfiler para abrir un orificio. Verás el eclipse en la hoja de papel pegada en el otro extremo.

luz solar

pantalla (hoja de papel blanca, pegada)

papel de aluminio con agujero de alfiler

agujero para mirar

No hay que olvidar que la piel también puede sufrir quemaduras. Es importante usar crema solar, gorra o ropa protectora.

Los eclipses en los mitos antiguos

Grecia antigua
El eclipse era visto como un signo de la ira de los dioses y de su descontento con la humanidad. La palabra *eclipse* proviene del griego *ekleipsis*, que significa 'desaparición'.

China antigua
Se creía que, durante los eclipses, un dragón mordía el Sol y le arrancaba un pedazo. Se hacía el máximo de ruido para asustarlo y que lo escupiera.

Pueblo navajo en Norteamérica
Los eclipses tienen un sentido espiritual para este pueblo: el orden cósmico se transforma y es el momento de reflexionar sobre la grandeza del universo.

Los batammariba

En la tradición de esta tribu del oeste de África se considera que, durante un eclipse, la Luna y el Sol se están peleando. La solución para detener el eclipse es sentarse con los adversarios para resolver el conflicto.

Los inuit

Para este pueblo del Ártico los eclipses ocurrían tras una batalla entre Anningan (dios de la Luna) y Malina (diosa del Sol).

La India

Según la tradición hindú, Rahu es el demonio que provoca los eclipses. Persigue al Sol por los cielos para devorarlo. Los hindús intentan asustarlo haciendo ruido con cazuelas.

Los vikingos

En la mitología nórdica, el lobo Sköll robaba el Sol durante los eclipses. Para evitarlo, trataban de ahuyentarlo haciendo ruido.

Los mexicas

Durante los eclipses, los indígenas mexicanos ofrecían sacrificios de personas en honor a los dioses, o por lo menos así lo contaron los primeros colonizadores. Fray Bernardino de Sahagún, en el siglo XVI, lo menciona como un ritual para fortalecer al Sol.

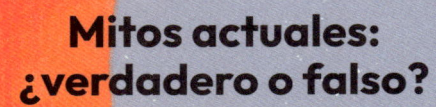

Mitos actuales:
¿verdadero o falso?

¿Se pierde peso durante un eclipse?

Al ser la gravedad terrestre tan enorme comparada con la que ejercen la Luna y el Sol sobre nuestros cuerpos, en la práctica nuestro peso no cambia por efecto de un eclipse. Igual que no cambia según la fase de la Luna o sea de día o de noche.

Si cocinas durante un eclipse solar, ¿te puedes envenenar?

Es falso que el Sol, cuando está eclipsado, produce una radiación perjudicial para la salud que, supuestamente, estropea los alimentos que se están cocinando. De hecho, durante el eclipse, la Luna bloquea todo tipo de radiaciones solares, por lo que esta teoría no se sustenta.

¿Existe relación entre los eclipses y los terremotos?

La Luna y el Sol tienen una influencia gravitatoria sobre la Tierra, lo que produce que nuestro planeta se comprima y se estire ligeramente, y de ahí surgen las mareas mayores. Pero no hay ninguna evidencia científica que relacione los eclipses con los terremotos.

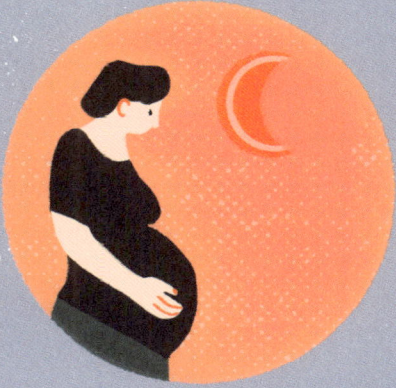

¿Son los eclipses perjudiciales para las mujeres embarazadas?

Existe la creencia de que, si una mujer embarazada observa un eclipse, su bebé podría resultar afectado. Pero mirar un eclipse no perjudica la salud de nadie, siempre que se observe con la protección adecuada.

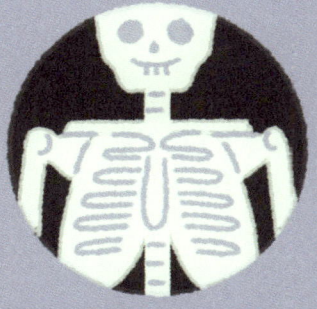

¿Estamos expuestos a rayos X durante un eclipse?

La radiación de rayos X del Sol proviene de la corona solar. Por eso se creía que, durante los eclipses totales, cuando es visible esta corona, estamos más expuestos a los rayos X. La realidad es que el Sol produce rayos X todo el tiempo, aunque no veamos la corona, pero no nos llegan porque son bloqueados por la atmósfera, que es un escudo natural ante los rayos solares dañinos.

Glosario

Satélite:
Todo cuerpo, artificial o
natural, que gira alrededor
de otro mayor, atrapado
por su atracción gravitatoria.
La Luna es un satélite natural
de la Tierra. Galileo y GPS
son los nombres de varios
satélites artificiales que giran
en torno a nuestro planeta.

Órbita:
Trayectoria que describe
un cuerpo alrededor de
otro, bajo el influjo de
la fuerza gravitatoria.
Las órbitas pueden ser
circulares, elípticas,
parabólicas o hiperbólicas.

Traslación:
Es el movimiento de un cuerpo
celeste al recorrer su órbita.

Rotación:

Movimiento que realiza un cuerpo celeste al girar alrededor de su propio eje, una línea imaginaria llamada *eje de rotación*.

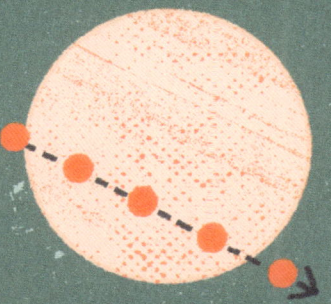

Tránsito:

Fenómeno durante el cual un cuerpo celeste pasa por delante de otro más grande, bloqueando total o parcialmente su visión a quien lo observa.

Fases lunares:

Son las variaciones en la porción iluminada de la Luna (vista desde la Tierra), debidas a su cambio de posición respecto de la Tierra y del Sol. Las cuatro fases principales son estas: luna nueva, cuarto creciente, luna llena y cuarto menguante.

Nodos lunares:

Son los dos puntos en los que la órbita de la Luna cruza el plano por donde la Tierra gira en torno al Sol, llamado eclíptica. Existen dos nodos lunares: el ascendente (o norte) y el descendente (o sur).

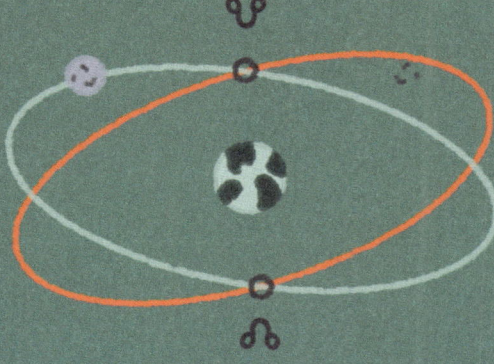

Haz tu propio eclipse en casa

1. Con la ayuda de un plato, dibuja una circunferencia sobre un cartón y recórtala. Esta será la plataforma sobre la que girarán *tus* cuerpos celestes. Con un alfiler, haz un agujero en el centro de la base, colócala sobre una superficie de cartón cuadrada o rectangular más grande y hazle también un agujero central a esta. Debe encajar bien con el de la plataforma.

2. Consigue dos esferas de poliexpán de distintos tamaños y píntalas para distinguir la Tierra (la grande) de la Luna.

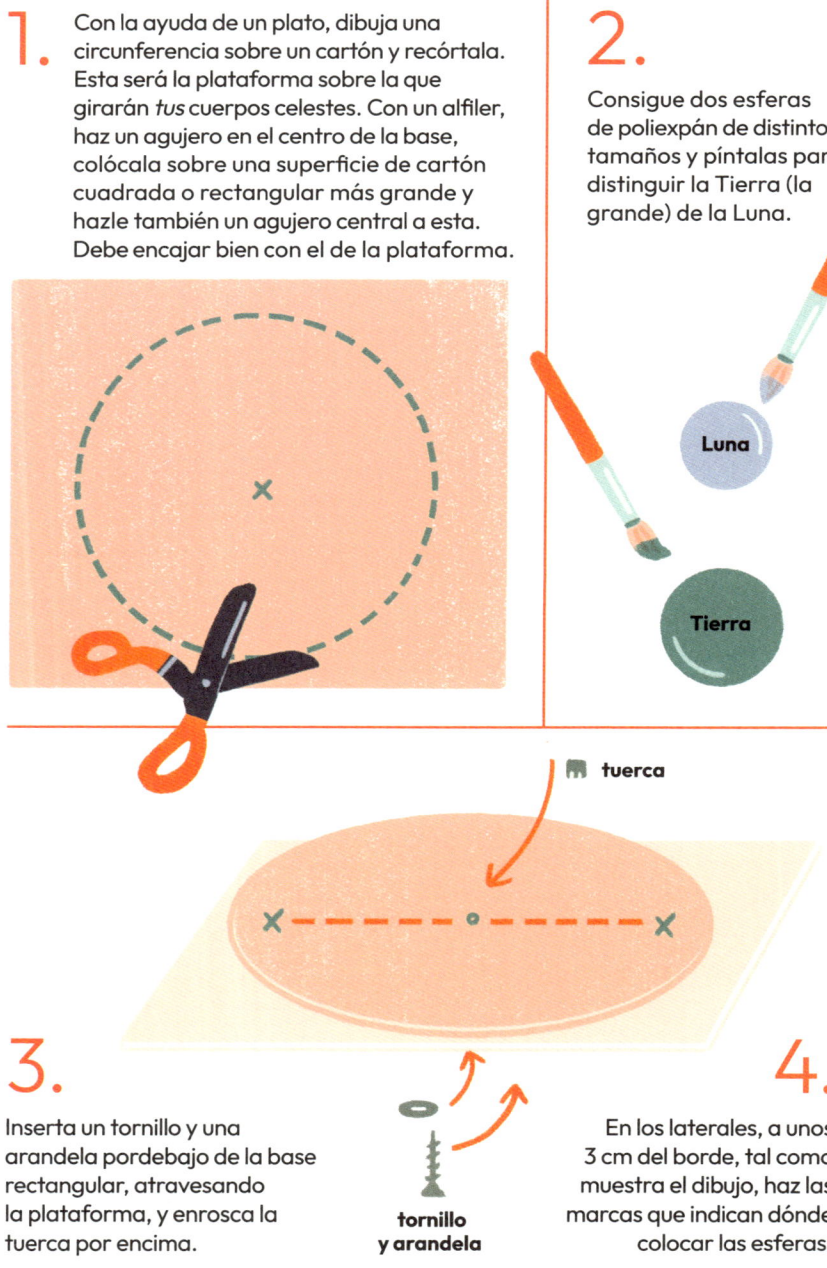

tuerca

tornillo y arandela

3. Inserta un tornillo y una arandela pordebajo de la base rectangular, atravesando la plataforma, y enrosca la tuerca por encima.

4. En los laterales, a unos 3 cm del borde, tal como muestra el dibujo, haz las marcas que indican dónde colocar las esferas.

Luna

Tierra

5.

Crea dos tubitos con cartulina enrollada para pegar sobre ellos las esferas. Calcula bien su longitud: la Tierra y la Luna deben quedar centradas respecto al agujero que harás en la caja (fíjate en el último dibujo).

6.

En la tapa de una caja de zapatos, haz un agujero a la medida del diámetro de una linterna que tengas en casa. El agujero debe estar centrado respecto a la altura de las dos esferas.

7.

Pega con pegamento las esferas sobre los tubitos o palos laterales.

8.

Gira la plataforma para ver el eclipse.

Coloca la linterna encendida en el agujero, apaga las luces. Y ahora, ¡haz girar la plataforma circular!

Al observar los astros, Montserrat siente una gran curiosidad que la impulsa a querer desvelar sus misterios.

MENTE CURIOSA QUE NOS INSPIRA:

Montserrat Villar

Montserrat es astrofísica, doctora en Ciencias Físicas e investigadora del CSIC. Estudia los efectos de los agujeros negros supermasivos en las galaxias. Le interesan la divulgación científica y la relación entre las ciencias y las humanidades.

Antes de incorporarse al CSIC, trabajó en instituciones internacionales como el Observatorio Europeo Austral (en Alemania), el Instituto de Astrofísica de París y las universidades británicas de Sheffield y de Hertfordshire, donde fue profesora. En 2003, regresó a España para unirse al Instituto de Astrofísica de Andalucía (IAA-CSIC) y, desde 2011, forma parte del Centro de Astrobiología (CSIC-INTA).

Conoce más a Montserrat Villar Martín:

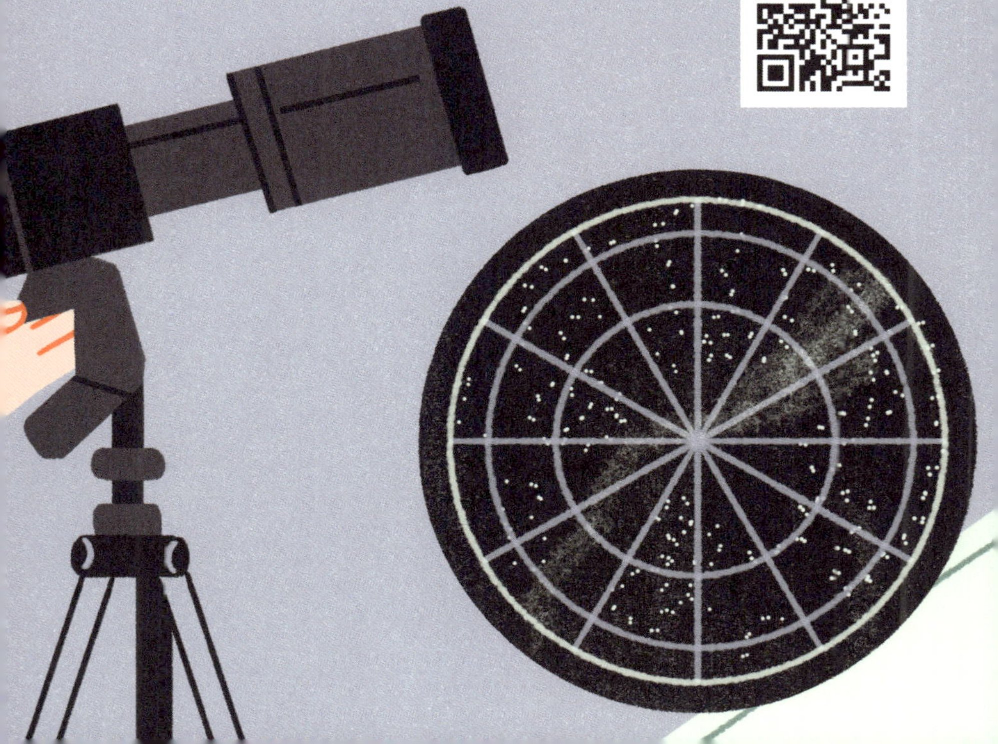

Primera edición: marzo de 2026

© 2026, de los textos y de las ilustraciones: Noemí Fabra
© 2026, de la edición:

CSIC, 2026
http://editorial.csic.es
editorialcsic@csic.es

Zahorí Books · Sicília, 358 1-A 08025 Barcelona
www.zahoribooks.com

Revisión científica: Montserrat Villar Martín
Diseño y maquetación: Joana Casals
Corrección: Miguel Vándor

ISBN: 979-13-87709-69-3 (Zahorí Books)
ISBN: 978-84-00-11568-5 (CSIC)
e-ISBN: 978-84-00-11569-2 (CSIC)
NIPO: 155-26-023-4
e-NIPO: 155-26-024-X
Depósito legal: B 784-2026

Impreso en Barcelona

Este producto está elaborado con materiales de bosques con
certificado FSC® y bien gestionados, y con materiales reciclados.

www.trioeclipses.es